Omar Mayouf

Projeto e implementação de um inversor fotovoltaico inteligente com duas saídas (AC/DC)

Omar Mayouf

Projeto e implementação de um inversor fotovoltaico inteligente com duas saídas (AC/DC)

Inversor inteligente em sistema fotovoltaico inteligente fora da rede

ScienciaScripts

Imprint

Cover image: www.ingimage.com

This book is a translation from the original published under ISBN 978-620-8-41803-8.

Publisher:
Sciencia Scripts
is a trademark of
Dodo Books Indian Ocean Ltd. and OmniScriptum S.R.L publishing group

120 High Road, East Finchley, London, N2 9ED, United Kingdom
Str. Armeneasca 28/1, office 1, Chisinau MD-2012, Republic of Moldova, Europe
Managing Directors: Ieva Konstantinova, Victoria Ursu
info@omniscriptum.com

Printed at: see last page
ISBN: 978-620-8-60628-2

Conteúdo

Agradecimentos

Em primeiro lugar, gostaria de agradecer a Deus Todo-Poderoso, depois aos meus queridos pais que me apoiaram muito em todas as circunstâncias enquanto estava a escrever este livro. Agradeço também à minha mulher e aos meus filhos que suportaram e me encorajaram a concluir este difícil estudo. Gostaria também de agradecer a todos os que me deram a oportunidade de escrever e publicar para que este livro fosse um sucesso. Finalmente, gostaria de agradecer aos meus irmãos e amigos que me ajudaram a fazer desta jornada um sucesso, e a todos os que levantam as suas mãos em súplica a Deus para me abençoar.

Resumo

O inversor é um dispositivo que pode converter a corrente contínua em corrente alternada ou Vis-Versa. Esta investigação teve como objetivo obter corrente contínua e alternada a partir do mesmo dispositivo inversor, que pode fornecer 220 volts CA e 12 volts CC ao mesmo tempo, utilizando a modelação do software Proteus; construir um inversor com base no inversor modelado; comparar o desempenho e a eficiência do inversor por software e hardware. O inversor foi apoiado por uma célula solar, que funcionou para carregar a bateria. O inversor foi modelado e desenvolvido no software Protues. Com base no circuito do inversor modelado, foi projetado e testado o inversor real. Além disso, a eficiência e o desempenho entre o software e o hardware foram testados e comparados. A eficiência do software foi de 80,7% e a eficiência do hardware foi de 70,3%, enquanto o desempenho do controlador do carregador foi diferente entre o software e o hardware, sabendo que este inversor foi projetado para uma carga de 60 watts. Este inversor foi bem sucedido na modelação e no projeto, onde pode ser utilizado em situações de emergência, tais como cortes súbitos de energia eléctrica ou utilização em locais acidentados e remotos que não são suportados pela rede pública de eletricidade, quando pode alimentar as cargas AC, tais como televisão e rádio, etc., a 220V, também pode ser alimentado as cargas DC, tais como cordeiros de chumbo e carregador de telemóvel.

Palavras-chave: Modelação, Projeto, Conversor, Direto, Alternado, Sistema FV.

CAPÍTULO I

INTRODUÇÃO

1.1 Antecedentes

Em todos os tipos de fontes de energia renováveis, como o vento, o sol e as células de combustível, etc. A energia solar é a melhor fonte de energia a utilizar, que converte principalmente a energia da luz solar em energia eléctrica. A energia solar é uma fonte de energia limpa e inesgotável, sem qualquer poluição para a terra e a atmosfera.

A principal vantagem da conceção de um sistema solar fotovoltaico fiável, estável, eficiente e de baixo custo é a disponibilidade de energia fiável e de qualidade sem depender da rede eléctrica pública. Também evita os custos substanciais de transmissão e distribuição, e a principal vantagem reside no facto de reduzir as emissões de gases com efeito de estufa, respondendo à crescente procura de energia através da criação de uma nova indústria de elevado perfil.

Para melhorar a qualidade de vida quotidiana, especialmente nas zonas rurais, há várias questões de engenharia. Estas devem ser consideradas, tais como o método de armazenamento, a conservação da energia e a forma de a converter, etc. Na energia eléctrica, existem dois tipos de corrente eléctrica, a corrente contínua (CC) e a corrente alternada (CA).

A corrente contínua é mais importante para a maior parte dos aparelhos electrónicos que necessitam de ser alimentados por corrente contínua, como a televisão, o rádio, o carregador de telemóvel, o computador, os aparelhos médicos, etc. Mas todos estes aparelhos funcionam atualmente com corrente alternada, utilizando um adaptador elétrico que contém um retificador e um circuito de filtragem para transformar a corrente em corrente contínua, o que provoca alguma perda de energia eléctrica na conversão de energia. As topologias dos conversores CC-CC têm recebido uma atenção crescente nos últimos anos para aplicações de baixo consumo e elevado desempenho. As vantagens dos conversores DC-DC incluem maior eficiência, tamanho reduzido, resposta transitória mais rápida e maior fiabilidade [1,2].

Atualmente, existem muitos estudos modernos sobre a corrente contínua, para que todos os aparelhos domésticos funcionem com corrente contínua devido à diminuição da perda de potência no processo de conversão. O inversor é necessário para converter a corrente em corrente alternada ou corrente contínua. O desempenho do inversor é influenciado pela sua conceção e construção. A potência de saída é limitada pela conceção e pela classificação dos componentes de interligação [3,4].

A razão da utilização da corrente alternada em todos os países do mundo deve-se ao facto de esta poder ser transferida para longas distâncias sem diminuir e poder elevar o valor da eletricidade a níveis elevados. Estas questões levam-nos a algo importante, ou seja, a combinação de dois dispositivos electrónicos (conversor CC-CC e inversor CC-CA) num único dispositivo eletrónico com saída CA e CC.

1.2 Declaração do problema.

Esta investigação tem de ser realizada porque o inversor tem tarefas muito importantes no sistema elétrico. Assim, este estudo centrar-se-á na conceção do inversor com saída de tensão CA e CC. O aumento do preço dos combustíveis fósseis e o facto de a procura ser maior do que a oferta fazem com que os investigadores procurem hoje tirar partido das energias renováveis, como a solar, a eólica, etc. O consumo crescente de energia solar como energia alternativa levou ao aumento da investigação e do desenvolvimento no domínio da engenharia eletrónica e eléctrica.

Se olharmos para as investigações recentes no mundo que se centraram no aproveitamento de energias limpas, podemos constatar que o elemento mais importante nestes projectos foram os elementos do conversor de energia (inversor). O inversor que converte os volts CC em volts CC e CA foi personalizado em termos da eficácia da capacidade da rede e da qualidade da procura de energia e determina a entrada e a saída disponíveis em função da conceção do inversor. Por este motivo, será necessário um grande esforço de atenção para escolher o material mais adequado para o fabrico e o funcionamento destes inversores.

1.3 Limitação do problema

O objetivo desta investigação é encontrar o melhor circuito para um inversor utilizando o software Proteus e construir o hardware com base nele. Além disso, o desempenho do circuito (simulação e hardware) será comparado em termos de tensão de saída DC e AC observada sob cargas dinâmicas.

1.4 Objectivos da investigação

Os objectivos deste estudo foram:

1. Desenvolver um modelo de um inversor que tenha saída de corrente contínua e alternada no mesmo dispositivo utilizando o software Proteus.
2. Para construir um inversor, com base no inversor modelado
3. Comparar o desempenho e a eficiência do inversor por software e hardware.

1.5 Contribuição

As contribuições deste estudo foram:

1. Construir um inversor com corrente de saída contínua e alternada.
2. No caso de não haver energia de entrada do PV, o inversor foi capaz de produzir energia (AC-DC) a partir da bateria.
3. Os resultados deste estudo enriquecerão o conhecimento no domínio da engenharia eléctrica, especialmente no domínio da conversão de energia.

CAPÍTULO II

ESTUDAR LITERATURA

2.1 Revisão da literatura

Os sistemas fotovoltaicos (sistema PV) utilizam painéis solares para converter os raios solares em eletricidade. O sistema é constituído por um ou mais painéis fotovoltaicos (FV), um inversor de potência CC/CA e um sistema de rastreio que contém os painéis solares, as interligações eléctricas e a montagem de outros componentes. A Figura 2.1 apresenta um diagrama simples para explicar o fluxo de corrente eléctrica através do inversor num sistema fotovoltaico. As células solares produzem tensão CC, a corrente produzida pelos painéis fotovoltaicos flui através do inversor e é convertida em corrente CA e CC depois de passar por algumas peças electrónicas. Os volts CA do inversor são transferidos diretamente para as cargas, enquanto os volts CC são utilizados para carregar a bateria. Durante a noite ou quando a carga é superior à capacidade do painel solar para fornecer energia, o inversor é utilizado para converter a energia CC da bateria em energia CA que é utilizada pelas cargas.

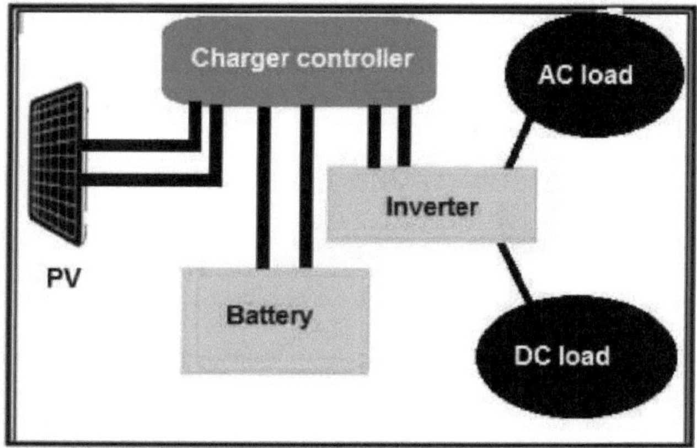

Figura 2.1 Diagrama de blocos de um sistema solar simples.

As topologias de conversores CC para aplicações de baixa e alta potência têm recebido uma atenção crescente nos últimos anos. As vantagens dos conversores foram a melhoria da eficiência, a redução do tamanho, a resposta mais rápida a transientes e a melhoria da fiabilidade [3].

Modelação e simulação de um conversor DC-DC usando sêmola. O hardware foi fabricado e testado. Os resultados da simulação foram comparados com os resultados experimentais. O objetivo do seu trabalho era desenvolver um conversor DC-DC eficiente com elevada densidade de potência [5,6].

Verificou-se que, na topologia do circuito, um inversor foi combinado com um circuito IC e um transformador para aumentar o ganho de tensão correspondente. Um indutor adicional forneceu o caminho da corrente inversa do transformador para aumentar a taxa de utilidade do núcleo magnético [7,8]. Para além disso, foi utilizada a tecnologia de fixação de tensão para reduzir as perdas. Além disso, a metodologia de controlo em malha fechada foi utilizada no esquema proposto para ultrapassar o problema de desvio de tensão da fonte de alimentação sob a variação de cargas. Assim, a topologia de conversor proposta teve um efeito favorável de fixação de tensão e uma eficiência de conversão superior.

No ano de 2012, Devendra Panchalet.al, concebeu uma máquina para converter a energia CC de uma fonte de energia renovável diretamente em energia CA. Esta máquina provou ser muito útil no sistema fotovoltaico porque era adequada para trabalhar em baixa tensão e baixa corrente [9,10].

Um dispositivo que converte energia CC em energia CA com a tensão e a frequência de saída desejadas é designado por inversor. Os conversores controlados por fase, quando funcionam no modo de inversor, são designados por inversores comutados por linha. Mas os inversores comutados por linha requerem, nos terminais de saída, uma fonte de alimentação CA existente que foi utilizada para a sua comutação.

Isto significa que os inversores comutados por linha não podem funcionar como fontes de tensão CA isoladas ou como geradores de frequência variável com potência CC à entrada. Por conseguinte, o nível de tensão, a frequência e a forma de onda no lado CA dos inversores comutados por linha não podem ser alterados. Por outro lado, os inversores comutados por força fornecem uma tensão de saída CA independente de tensão e frequência ajustáveis, pelo que têm uma aplicação muito mais alargada [11,12].

2.2 Teoria básica

2.2.1 Inversor CC-CA

Um inversor é um dispositivo elétrico que converte corrente contínua DC em corrente alternada AC. A corrente alternada convertida pode ter qualquer tensão e frequência necessárias com a utilização de transformadores, circuitos de comutação e controlo adequados. Os inversores de estado sólido não têm partes móveis e são utilizados numa vasta gama de aplicações, desde pequenas fontes de alimentação comutadas em computadores, até grandes aplicações de corrente contínua de alta tensão da rede eléctrica que transportam energia a granel. Os inversores são normalmente utilizados para fornecer energia CA a partir de fontes CC, como a energia solar penal ou as baterias. O inversor desempenha a função oposta à de um retificador [13,14].

Um inversor de fonte de corrente (CSI) é alimentado com uma corrente ajustável a partir de uma fonte de corrente contínua de alta impedância, ou seja, de uma fonte direta constante. Um inversor de fonte de tensão que utilize tiristores como comutadores requer algum tipo de comutação forçada, enquanto o VSI, constituído por transístores de potência, mosfets de potência ou IGBTs, se auto-comuta com um sinal de base ou de porta para a sua ativação e desativação controladas. O inversor de fonte de tensão é um inversor em que a fonte de corrente contínua tem uma impedância pequena ou negligenciável. Por outras palavras, o VSI tem uma fonte de tensão contínua rígida nos seus terminais de entrada. Um inversor de fonte de corrente é alimentado com corrente ajustável a partir de uma fonte de corrente contínua de elevada impedância, ou seja, a partir de uma fonte de corrente contínua rígida. Num CSI alimentado com uma fonte de corrente rígida, as ondas de corrente de saída não são afectadas pela carga [15,16].

Do ponto de vista das ligações dos dispositivos semicondutores, os inversores são classificados do seguinte modo

> Inversores de ponte

> Inversores de série

> Inversor paralelo

Os inversores de ponte são classificados como

> Meia ponte

> Ponte completa

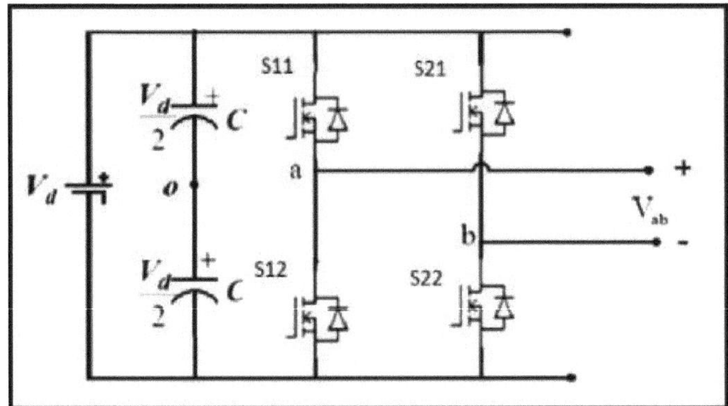

Figura 2.2 Esquema de um inversor monofásico de ponte completa.

Nesta secção, são abordados os esquemas de comutação SPWM, que melhoram as caraterísticas do inversor. O objetivo é adicionar uma tensão de sequência zero aos sinais de modulação, de modo a garantir o aperto dos dispositivos à barra CC positiva ou negativa; neste processo, o ganho de tensão é melhorado, conduzindo a um aumento da tensão fundamental da carga, à redução da distorção total da corrente e ao aumento do fator de potência da carga [17,18].

O principal objetivo do inversor PWM é gerar uma tensão variável e uma frequência variável (VV, VF) monofásica ou trifásica a partir de uma tensão CC. Os níveis de VSI consistem em alguns interruptores semicondutores de potência com díodos antiparalelos. Nos métodos de modulação por largura de pulso (PWM) amplamente utilizados, a tensão de saída do inversor aproxima-se do valor de referência através da comutação de alta frequência dos seis interruptores semicondutores de potência [19,20].

2.2.2 Conversor CC-CC

Nos últimos anos, o rácio de tensão acentuado do interrutor do conversor CC-CC é normalmente exigido em muitas aplicações industriais, na fase inicial de fontes de energia limpas, no sistema de energia de reserva CC para uma fonte de alimentação ininterrupta (UPS), em lâmpadas de descarga de alta intensidade (HID) para faróis de automóveis e na indústria das telecomunicações [21,22].

Os conversores boost convencionais não podem fornecer uma relação tensão CC tão elevada devido às perdas associadas ao indutor, ao condensador de filtro, ao interrutor principal e ao díodo de saída. Mesmo para um ciclo de trabalho extremo, tal resultará em graves problemas de recuperação inversa e aumentará a classificação do díodo de saída. Como resultado, a eficiência da conversão é degradada e o problema da interferência electromagnética (EMI) é grave nesta situação. A fim de aumentar a eficiência da conversão e o ganho de tensão, muitas topologias modificadas de conversores boost foram investigadas na última década. Embora as técnicas de fixação de tensão sejam manipuladas no projeto do conversor para ultrapassar o grave problema de recuperação inversa do díodo de saída em aplicações de tensão de alto nível, continuam a existir grandes tensões de tensão do comutador e o ganho de tensão é limitado pelo tempo de ligação do comutador auxiliar, apresentou um conversor boost soft-single-switch, que tem apenas um único comutador ativo. É capaz de funcionar com comutação suave num modo de modulação de largura de pulso (PWM) sem tensões de tensão e corrente elevadas. Infelizmente, o ganho de tensão é limitado a menos de quatro, a fim de alcançar a função de comutação suave, foram utilizados indutores acoplados para proporcionar uma elevada relação de subida e para reduzir substancialmente a tensão de comutação, e o problema de recuperação inversa do díodo de saída também foi aliviado de forma eficiente [23,24].

Neste caso, a energia de fuga do indutor acoplado é outro problema, uma vez que o interrutor principal foi desligado. O resultado será uma ondulação de tensão elevada no interrutor principal devido ao fenómeno de ressonância induzido pela corrente de fuga. Para proteger os dispositivos de comutação, é normalmente adotado um dispositivo de alta tensão com um RDS (ON) mais elevado ou um circuito de proteção para esgotar a energia de fuga. Consequentemente, a eficiência da conversão de energia será degradada. Pode ser introduzida uma família de conversores CC-CC de alta eficiência e elevado escalonamento, adicionando apenas um díodo de adição e um pequeno condensador. Configuração do sistema de um conversor CC-CC com pinça de tensão de elevada eficiência Aliviar o problema da recuperação inversa. No entanto, continua a ser necessário um circuito de proteção no terminal do díodo de saída, com perdas de energia adicionais [25,26].

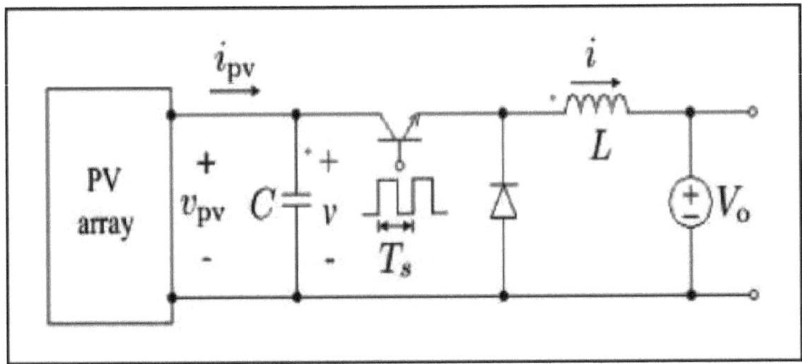

Figura 2.3 Diagrama de circuito simples do conversor CC (Villalva e Filho 2008).

Num sistema fotovoltaico típico, existe normalmente um conversor DC-DC, que é concebido como responsável pela saída de energia do painel fotovoltaico frontal. A função deste conversor DC-DC é ajustar a sua impedância vista pelo painel FV de modo a ficar próxima da impedância correspondente do painel FV, maximizando assim a eficiência de saída [27,28].

2.2.3 Transformador elétrico

Um transformador é um dispositivo de quatro terminais que transforma uma tensão de entrada CA numa tensão de saída CA superior ou inferior. Os transformadores não são concebidos para aumentar ou diminuir tensões de corrente contínua. Um transformador é composto por equipamento elétrico concebido para transferir energia por acoplamento indutivo entre os seus circuitos de enrolamento. Um transformador típico tem duas ou mais bobinas que partilham um núcleo de ferro laminado comum. A primeira é designada por bobina primária e a segunda por bobina secundária. Na análise da fiabilidade estimada, os transformadores eléctricos devem ser considerados como sistemas complexos constituídos por vários subsistemas, magnéticos, eléctricos, de isolamento, etc. [29].

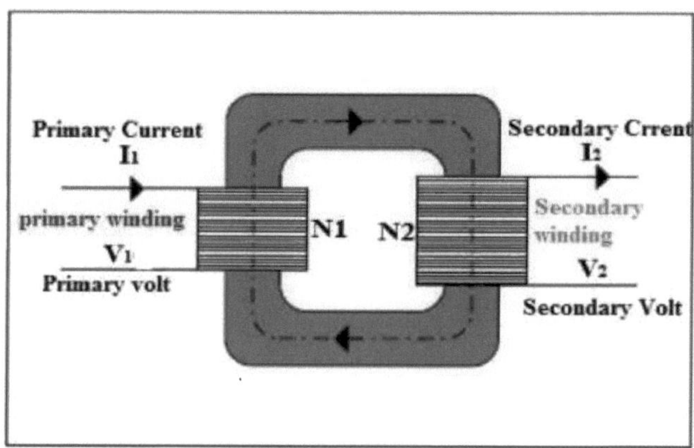

Figura 2.4 Forma interna do transformador elétrico.

O modelo resultante, embora por vezes designado por circuito equivalente com base em pressupostos de linearidade, mantém um certo número de aproximações. A análise pode ser simplificada assumindo que a impedância do ramo magnetizante é relativamente elevada e deslocando o ramo para a esquerda das impedâncias primárias. Isto introduz um erro, mas permite a combinação das resistências primárias e secundárias referidas e a resistência por simples soma como duas impedâncias em série.

Os transformadores são componentes essenciais do sistema de energia eléctrica. Um transformador típico é constituído por bobinas de condutores de cobre ou alumínio (que podem ser isolados com papel nas unidades maiores), que são enrolados em torno de um núcleo magnético. Os transformadores são preenchidos com fluido dielétrico, que tem duas funções importantes [30].

Foi demonstrado que a utilização destes supressores de transientes reduz significativamente o pico de sobretensão e a inclinação da tensão por um fator de dois durante as sobretensões provocadas por raios. O supressor de transientes proposto também tem a capacidade de eliminar eficazmente a corrente de inrush. Na prática, uma vez que os transformadores de distribuição são utilizados para reduzir o nível de tensão de alta tensão para baixa tensão, o supressor de transientes proposto pode ser aplicado ao sistema de alta tensão, aumentando o nível de isolamento do supressor de transientes. Outros trabalhos são a verificação experimental, a otimização do supressor de transientes e a consideração de outras aplicações do supressor de transientes proposto de sistemas de transmissão [31].

CAPÍTULO III

METODOLOGIA DE INVESTIGAÇÃO

3.1 Materiais

Neste estudo, dependeu de duas fases, Software e Hardware, quanto ao programa de software utilizou a simulação de circuitos electrónicos (PROTEUS) que será explicado mais à frente e como utilizá-lo. Na fase de hardware foram utilizados aparelhos electrónicos de medição para medir e analisar os dados, tais como multímetro, voltímetro e osciloscópio, etc. Estes aparelhos foram utilizados após a instalação das peças electrónicas na placa-mãe e a ligação da fonte de alimentação para ver os resultados.

3.2 Métodos e esquema de investigação

Esta investigação é composta por três partes. A primeira parte consistiu no desenvolvimento de um modelo de inversor e na realização de simulações. A segunda parte foi a construção de um hardware baseado no inversor modelado. A última parte foi uma comparação de desempenho entre o resultado da simulação e o resultado do hardware.

3.3 Modelação e Simulação.

O primeiro passo na modelação e simulação foi a seleção do software adequado. O software Proteus foi escolhido para esta investigação por ser o software mais completo para circuitos e sistemas electrónicos. A simulação foi feita para estudar a influência dos componentes electrónicos na estabilidade da tensão de saída DC e AC.

Figura 3.1 Logótipo da Proteus Software

No software Proteus, havia muitas opções para modificar os circuitos para controlar a tensão de saída, de corrente contínua a corrente alternada. Para além disso, o Proteus permite apresentar os resultados da simulação e analisá-los. Com base nos resultados, o utilizador pode modificar o circuito para obter os melhores resultados a utilizar na construção do hardware.

A Figura 3.2 mostra o circuito do inversor, que tem uma entrada DC de um sistema PV e uma saída AC. Este diagrama foi traduzido para o software Proteus e será modificado com a adição de outra saída (saída CC). Como existem muitas topologias diferentes para ligar o painel fotovoltaico ao inversor, que foram desenvolvidas e utilizadas nas últimas décadas, foi necessário acrescentar vários componentes, como a bateria, os díodos e as resistências variáveis, para efetuar a modificação. Depois de modificado, o novo circuito foi simulado. As secções 3.1.1 e 3.1.2 descrevem o circuito integrado CD4047 (oscilador) e o transístor IRFZ44 utilizados na simulação, bem como na construção do hardware.

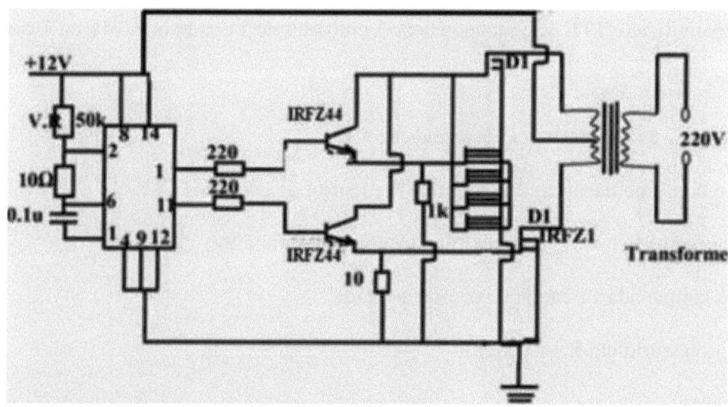

Figura 3.2 Diagrama de circuito de um inversor simples.

3.3.1 Folha de dados do osciladorCD4047.

O CD4047BC é um dispositivo estável/instável de baixa potência. A descrição geral é a seguinte:

O CD4047B é capaz de funcionar em modo estável, bem como em modo instável. Requer um condensador externo (entre os pinos 1 e 3) e uma resistência externa (entre os pinos 2 e 3) para determinar a largura do impulso de saída e a frequência de saída durante o modo instável. O funcionamento estável é ativado por uma entrada de mesa de nível alto ou nível baixo na entrada estável. A frequência de saída (ciclo de trabalho de 50%) na saída Q e Q é determinada pelos componentes de temporização. Está disponível uma frequência duas vezes superior à de Q na saída do oscilador; não é garantido um ciclo de funcionamento de 50%.

O funcionamento instável é obtido quando o dispositivo é acionado por uma transição de baixo para alto na entrada de disparo positivo ou por uma transição de alto para baixo na entrada de disparo -. O dispositivo pode ser acionado aplicando uma transição simultânea de baixo para alto às entradas +trigger e trigger. Um nível alto na entrada de reset repõe as saídas Q em baixo, Q em alto.

a. As caraterísticas deste CI são:

> Ampla gama de tensão de alimentação: 3,0 V a 15V

> Imunidade a ruídos elevados: 0,45 VDD (tip.)

> Compatibilidade TTL de baixa potência: Ventilador de 2 condutores 74L ou 1 condutor 74LS

b. Seguem-se as caraterísticas especiais do CI:

> Baixo consumo de energia: configuração especial do oscilador CMOS

> Funcionamento estável (one-shot) ou instável (free-running)

> Saída tamponada verdadeira e complementada

> Só é necessário um R e C externo

c. Aplicações

Discriminadores de frequência, circuitos de temporização, aplicações de atraso temporal, deteção de envelope, multiplicação de frequência, dispositivo de frequência.

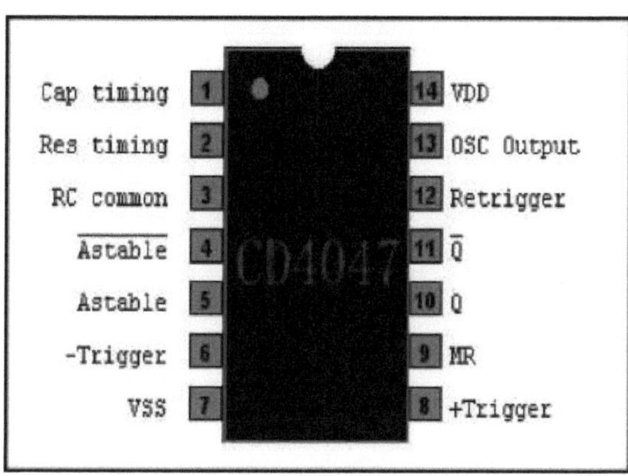

Figura 3.3 Diagrama de ligação do circuito integrado CD4047.

A tabela 3.1 apresenta as classificações máximas absolutas dos parâmetros do CI (DC4047), enquanto a tabela 3.2 apresenta as condições de funcionamento recomendadas de V DC, tensão de alimentação (VDD), tensão de entrada (VIN), etc.

Tabela 3.1 Classificação do CI (CD4047) Parâmetros

Parâmetros do IC CD4047	
Tensão de alimentação DC (VDD)	- 0,5 V a +18VDC
Tensão de entrada (VIN)	- 0. 5 Vpara VDD+0,5VDC
Gama de temperaturas de armazenamento (TS)	- 65 °C a +150 °C
Dissipação de energia (PD)	700
Duplo em linha	500
Esboço pequeno	260°C
Temperatura do chumbo (TL) (Soldadura, 10 segundos)	

A tabela 3.2 recomendada para as condições de funcionamento e as caraterísticas eléctricas fornece as condições de funcionamento real do dispositivo.

Tabela 3.2 Explicar as melhores condições de funcionamento

Melhores condições de funcionamento do IC CD4047

Tensão de alimentação DC (VDD)	3 V a 15VDC
Tensão de entrada (VIN)	0 a VDDVDC
Gama de temperaturas de funcionamento (TA)	-40°C a +85°C
VSS =0V, exceto se especificado em contrário.	

3.3.2 Folha de dados para IRFZ44

A Figura 3.4 é o diagrama eletrónico dos mosfets de canal N IRFZ4047, a terceira geração de mosfets de potência foi concebida com a melhor combinação de comutação rápida, design de dispositivo robusto, baixa resistência de ativação e rentabilidade

O encapsulamento é universalmente preferido para aplicações comerciais e industriais em níveis de dissipação de potência de aproximadamente 50 W. A baixa resistência térmica e o baixo custo do encapsulamento TO-220AB contribuem para a sua ampla aceitação em toda a indústria.

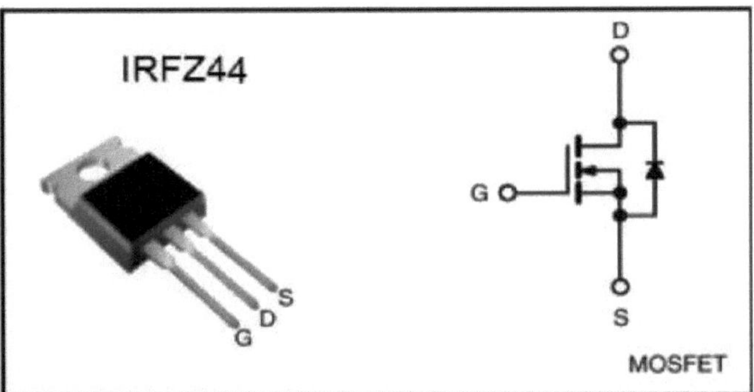

Figura 3.4Diagrama de ligação do microfuso IRFZ44.

a. Caraterísticas do IRFZ4047 BC MOSFET

> Dinâmica DV/Derivação

> 175 °C temperatura de funcionamento

> Comutação rápida

> Facilidade de ligação em paralelo

> Requisitos de acionamento simples

As classificações utilizadas no IRFZ44, tais como a tensão máxima, o consumo de energia e a temperatura, são apresentadas na tabela 3.3

Tabela 3.3 Dados de classificação para IRFZ44

CLASSIFICAÇÕES MÁXIMAS ABSOLUTAS (T_c = 25 °C, salvo indicação em contrário)

PARÂMETRO			SÍMBOLO	LIMITE	UNIDADE
Tensão dreno-fonte			VDS	60	V
Tensão de porta-fonte			VGS	+ 20	
Corrente de drenagem contínua[5]	VgsatWV	T_c=25'C	h	50	A
Corrente de drenagem contínua		VIOD'C		36	
Corrente de drenagem pulsada*[1]			IDM	200	
Fator de derivação linear				1.0	$W°C$
Energia de Avalanche de Impulso Único[0]			FÁCIL	100	mJ
Dissipação máxima de energia	T_c=25'C		Po	150	W
Pico de recuperação do díodo dV/dt[c]			dV/dt	4.5	V/ns
Gama de temperaturas de funcionamento da junção e de armazenamento			Tj, Tstg	-55 a+ 175	"C
Recomendações de soldadura (temperatura de pico)[0]	durante 10 s			300	
Torque de montagem	Parafuso 6-32 ou M3			10	lbf ▪ in
				1.1	N-m

3.4 Operação e simulação de software.

O circuito modelado no Proteus é constituído por um oscilador do tipo do circuito integrado CD4047, transístores IRFZ44, um transformador elevador, um estágio de filtragem e algumas peças electrónicas. As peças e componentes electrónicos utilizados para modelar o inversor são apresentados na tabela 3.4. Contêm componentes electrónicos como resistências, condensadores, díodos, transístores, transformadores e um circuito integrado, descrevendo detalhadamente em termos de tipo, número e valor de cada peça.

Tabela 3.4 Componentes electrónicos utilizados na simulação

NÃO	Nome	Quantidade	Descrição
1	R1	1	10 K ohm

2	R2	1	100 K ohm
3	R3	1	Resistência variável 50 K ohm
4	R4	1	1 K ohm
5	R5 - R13	7	33 K ohm
6	C1	1	220uf
7	C2	1	0.1u
8	C3	1	10000pf
9	C4	1	2000uf
10	T1 -- T8	8	IRFZ 44
11	Díodo	1	AO5 MIC
12	Transformador	1	Transformador UP 12V -- 220V
13	IC CD4047	1	MULTIVIBRADOR -OSCILADOR

O circuito da figura 3.5 foi modificado com alguns componentes electrónicos, adicionando algumas resistências, condensadores, transístores do tipo IRFZ44, transformador IC CD4047, etc. A potência do circuito foi alterada de 50 watts para 60 watts, enquanto a tensão de saída do circuito também foi alterada para 2 tipos, ou seja, 12 DCV e 220V AC.

O número de transístores foi aumentado, de 2 transístores IRFZ44 para 8 transístores IRFZ44. Isto foi feito para amplificar a tensão e para tirar partido da modulação por largura de impulso. Estes transístores foram divididos em duas partes, ou seja, 4 transístores foram ligados à saída do pino 10 (fonte de tensão para as portas) e a saída destes transístores foi ligada à parte 1 do transformador. Os restantes transístores foram ligados ao pino 11 (fonte de tensão para as suas portas) e a saída destes transístores está ligada à parte 2 do transformador. A figura seguinte mostra o diagrama do circuito eletrónico após o desenvolvimento.

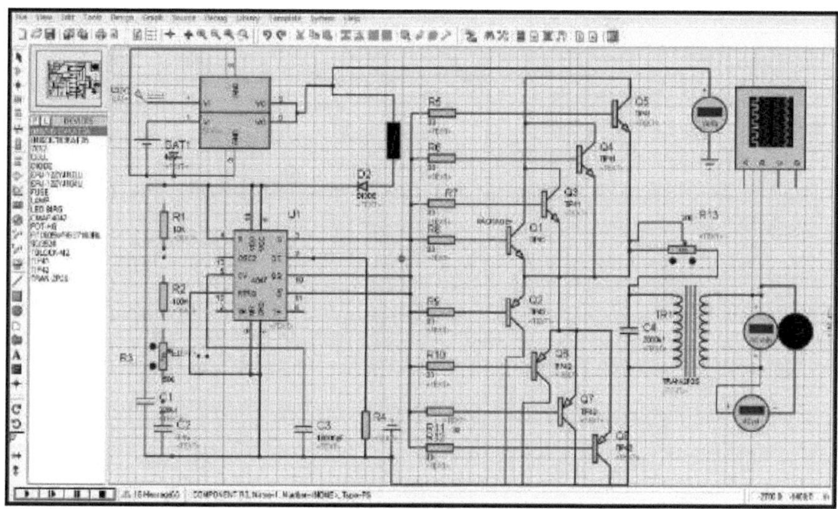

Figura 3.5 Circuito modificado no software Proteus

A entrada do PV foi ligada ao controlador de carga para carregar a bateria com 12 V DC. A corrente fluía para o circuito eletrónico no pino 14 que entrava no circuito integrado CD 4047.

3.5 Construção do hardware

A segunda parte desta investigação consistiu em construir um inversor com base nos resultados da simulação utilizando o software Proteus. O inversor que seria construído tem duas funções. A primeira tarefa era converter a energia CC do sistema FV em energia CA de 220 volts para fornecer energia diretamente à carga. A segunda tarefa era converter a energia CC do sistema fotovoltaico em energia CC de 12 volts para carregar a bateria. O primeiro passo foi selecionar os componentes electrónicos necessários, tais como circuitos integrados, transístores, resistências, bobinas, condensadores, díodos, etc. O passo seguinte foi instalar e ligar os componentes electrónicos na placa principal, de acordo com a posição correta dos componentes electrónicos. O último passo foi o processo de soldadura e a ligação para completar o circuito. Os componentes que foram utilizados para construir o hardware são apresentados na tabela 3.5

Tabela 3.5 Componentes electrónicos utilizados na experiência

Não	Nome	Quantidade	Descrição
1	R1	1	47 K
2	R2	1	470 K
3	R3	1	2 K
4	R4	1	1 K
5	R5 - R13	1	33 K ohm
6	C1	1	220uf
7	C2	1	2A822K
8	C3	1	3104J
9	Conduzido	1	12V
10	Díodo	1	AO5 MIC
11	Díodo Zener	1	ZD5V1
10	T1 -T8	8	IRFZ 44
11	Transformador	1	Transformador UP 12V > 220V
12	IC CD4047	1	MULTIVIBRADOR/OSCILADOR

3.5.1 Especificações das células solares

- Classificações nominais
- Potência máxima (+15% - 5%) 60 W
- Tensão de circuito aberto (voc) 22. V
- Corrente de curto-circuito (Isc) 3,90 A
- Ponto de tensão de potência máxima (VMPP) 17,4V
- Ponto de corrente de potência máxima (IMPP) 3,45A
- Tensão máxima do sistema 600 V
- Proteção contra sobrecorrente 7,5 A

3.5.2 Controlador do carregador

A função do controlador do carregador neste projeto de circuito era carregar as baterias e fornecer energia CC, utilizando a eletricidade produzida pelos painéis fotovoltaicos. A tensão dos painéis fotovoltaicos foi regulada no controlador de carga. O tipo de controlador de carga utilizado foi o CM1524Z, que pode ser utilizado em amperes máximos de 15 amperes e 12-24 volts, pelo que a tensão de saída deste controlador de carga foi de 12 V CC.

3.5.3 Bateria

A bateria utilizada neste dispositivo era especializada em sistema solar, que não se danifica facilmente. A tensão da bateria era de 12 V DC, 5 Ah. Assim, a potência da bateria era de 60 watts.

$$P = V \times I \Rightarrow P = 12 \times 5 = 60W \qquad (3.1)$$

3.5.4 Transformador elétrico utilizado

O transformador utilizado neste estudo, como mostra a figura 3.6, era um transformador step-up com 5 Amp, e era constituído por duas bobinas, i.e., bobina primária e bobina secundária, a saída dos transístores foi ligada à bobina primária do transformador. Antes de serem ligadas ao transformador, as bases dos transístores foram ligadas aos pinos 10 e 11 do IC4047. A bobina secundária do transformador era a saída do transformador. A tensão de saída na bobina secundária do transformador era de 220VAC. O transformador tinha outro pólo, chamado de terminal central do transformador (CT), que estava ligado ao terminal positivo da bateria. Este terminal era utilizado para gerar um campo magnético no transformador.

Figura 3.6 Transformador elétrico utilizado

O transformador utilizado neste circuito tem amperes de 5 Amperes, o que significa que o dispositivo que foi projetado para a potência máxima era de 60 Watt. A bateria pode ser alterada para 24V e o transformador pode ser alterado para 20 Amperes para aumentar a potência do inversor, o que significa que a potência será de 480 watts.

a. Cálculo para o transformador usado

A figura seguinte mostra o diagrama simples do transformador que explica a bobina primária, a bobina secundária, a entrada e a saída.

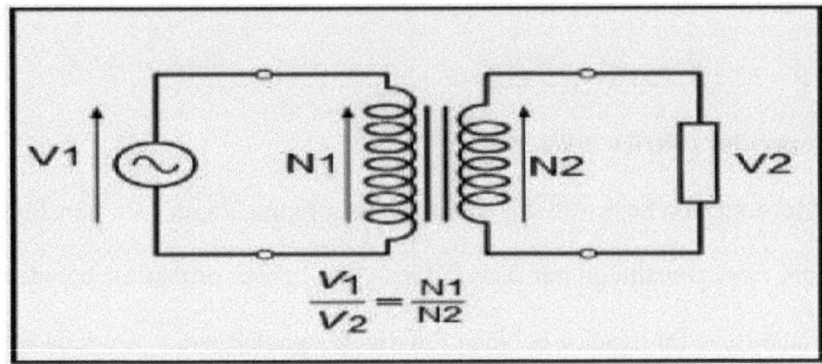

Figura 3.7 Diagrama simples do transformador elétrico

A área da secção deste transformador é importante para saber o número de torções deste transformador; assim, a área da secção transversal pode ser calculada de acordo com a seguinte equação

Área seccional = (Comprimento x Largura) do transformador de chapas metálicas

Área da secção = 5,25 cm x 10cm = 52,5 cm^2 (3.2)

A tensão em cada torção das bobinas foi determinada utilizando a equação 3.3.

Tensão em cada torção= PF x frequência / (área da secção transversal)

Com o valor PF = 0,9, a frequência = 50 e a área da secção transversal = 52,5 cm^2, respetivamente, a tensão em cada torção foi calculada da seguinte forma

A tensão em cada $= \frac{0.9 \times 50}{52.5} = 0.857$ .... (3.3)

A tensão de entrada do transformador primário era de 12 VAC e a tensão de saída do transformador secundário era de 220 VAC.

Os números de torções no primário e no secundário dos transformadores foram calculados de acordo com as equações abaixo:

O número de torções nas bobinas primárias $= \frac{12}{0.857}$ =14. 02 twists.................. (3.4)

O número de torções nas bobinas secundárias $= \frac{220}{0.857}$ = 256.7twists................. (3.5)

3.6 Fluxograma da metodologia de investigação

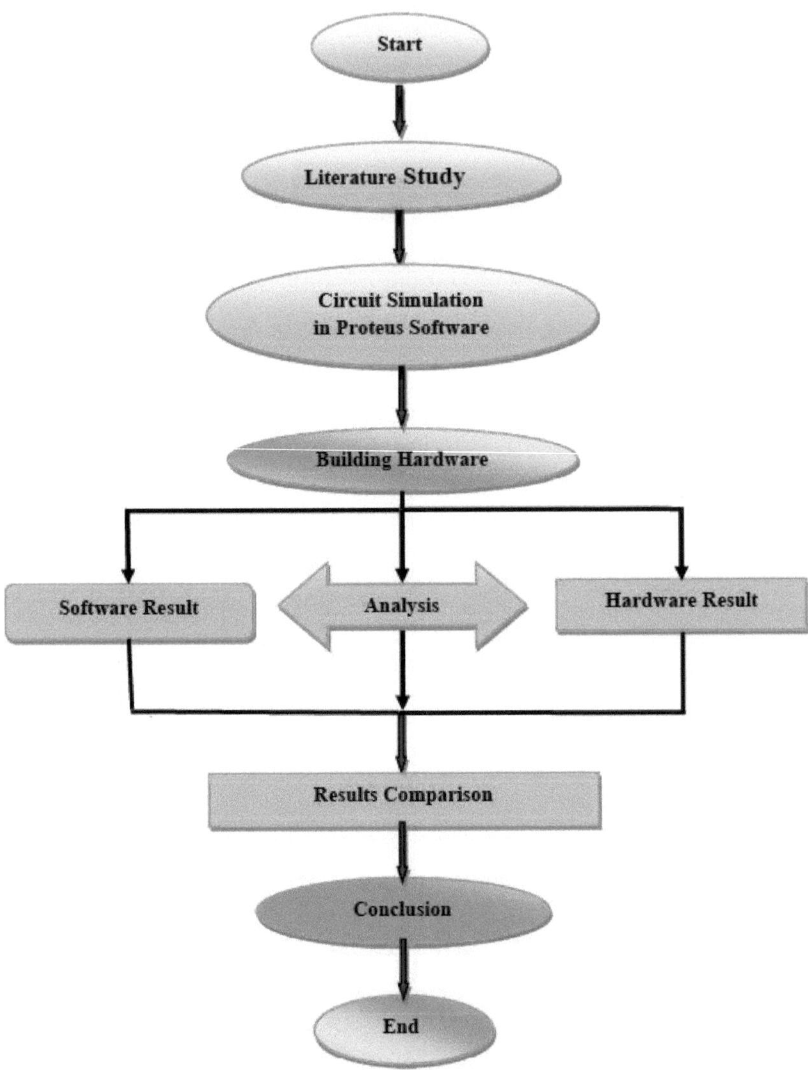

Figura 3.8 Fluxograma da metodologia de investigação.

CAPÍTULO IV

DADOS E ANÁLISES

Esta experiência centra-se na tensão de entrada da energia fotovoltaica, em que o volt PV era um volt DC, mas era um volt instável a um valor constante. A tensão sobe e desce, depende das células solares, dos raios solares e do valor da carga. A variável independente para este sistema FV é a fonte de energia que é influenciada pelas condições atmosféricas (nublado, nevoeiro ou brilhante) e pelas caraterísticas das células solares. A potência de entrada do sistema FV é influenciada pela conceção do inversor para fornecer energia às cargas.

Esta pesquisa observará o volt de saída AC durante a flutuação do volt de entrada; observará variáveis de saída AC, como corrente, tensão e potência. Depois de calibradas e observadas todas as peças e componentes electrónicos, podem ser determinados os melhores componentes e especificações para desenhar o inversor.

4.1 Comparação entre os resultados da simulação e da experiência

A simulação e o hardware foram comparados para recolher os componentes utilizados e recolher os resultados finais. Observou-se e comparou-se o desempenho, bem como a medição da entrada e saída do volt e ampere para o inversor e a célula solar utilizada, bem como o cálculo da potência das cargas antes e depois da ligação ao inversor. E, por conseguinte, será comparado com o dispositivo inversor em cada carga, com maior incidência na eficiência do dispositivo que foi concebido para o efeito.

Além disso, é necessário lembrar que existe uma diferença entre a simulação do circuito eletrónico pelo programa de computador e o circuito eletrónico real. Onde, todas as peças de software são utilizadas por especificações ideais, tais como valor, capacidade, tensão, intensidade de corrente, potência máxima, etc., mas no hardware há uma relação de erro para cada componente eletrónico, em termos de valor, perda de potência e potência máxima utilizada, também há o efeito da temperatura sobre as peças electrónicas quando a corrente passa através dele.

4.1.1 Simulação de circuitos

A figura 4.1 mostra os impulsos vermelhos que indicam uma tensão positiva e depois muda para a cor azul que indica uma tensão negativa para mostrar a oscilação processo.

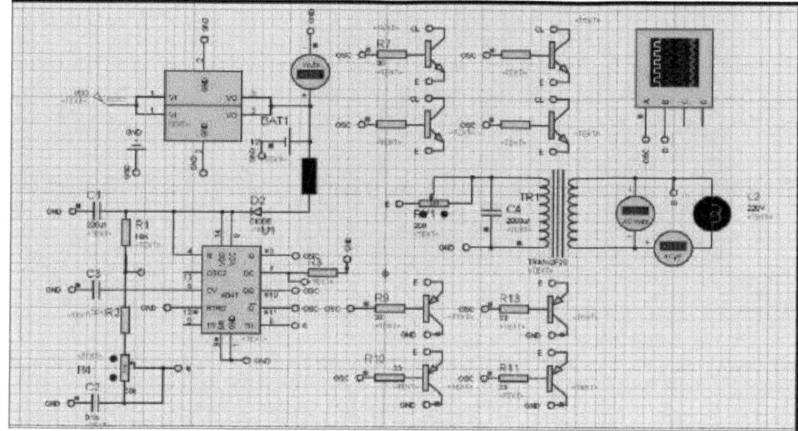

Figura 4.1 O Inversor Desenvolvido no Software Proteus

Havia apenas um impulso por meio ciclo e a largura do impulso variava para controlar a saída do inversor. Sinal de referência de onda quadrada e frequência determinada por R3, a frequência da onda portadora determina a frequência fundamental da tensão de saída. Modificando a resistência de 0 a 50 K ohm, a largura do impulso pode ser variada de 0 a 100 por cento. Um inversor de onda quadrada é um inversor com uma onda de saída em forma de quadrado. Esta forma de onda de saída pode ser modificada através da adição de um estágio de filtragem para produzir uma forma de onda sinusoidal que pode ser utilizada em cargas CA A figura 4.2 explica a onda quadrada que recebe do CI 4047 antes de ser ligada aos transístores IRFZ44 no software Proteus. Esta é a forma de onda requerida pelo circuito integrado IC CD4047, era uma forma de onda preliminar, as tensões nesta onda começavam em +2,67 volts na parte positiva e iam até 2,67 volts na parte negativa, onde o nível de tensão era de 1 volts por cada quadrado, o que significa que o pico a pico era igual a 5,34 volts.

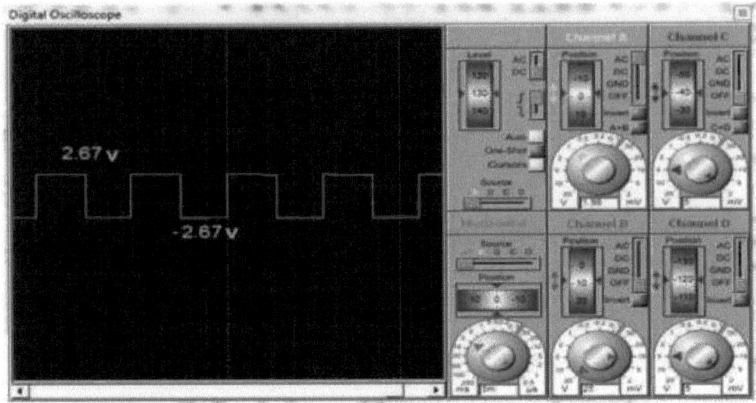

Figura 4.2 Onda quadrada do IC 4047 antes de ser ligado aos transístores.

Depois de ligar 8 transístores do tipo IRFZ44 ao circuito, a onda de saída foi amplificada, e precisou de muitas modificações e filtragem até se tornar uma onda sinusoidal pura. A figura 4.3 mostra a nova onda que saiu antes de qualquer filtragem ou alteração, a onda partia de +3,50 volts na parte positiva e ia até -3,50 volts na parte negativa o que significa que o pico a pico era igual a 7 volts, isso foi resultado do processo de amplificação da onda obtida pelo circuito integrado 4047 efectuado pelos transístores. Neste caso, é necessário o estágio de filtragem para filtrar e purificar a onda e transformá-la em onda sinusoidal pura que pode ser usada em carga CA.

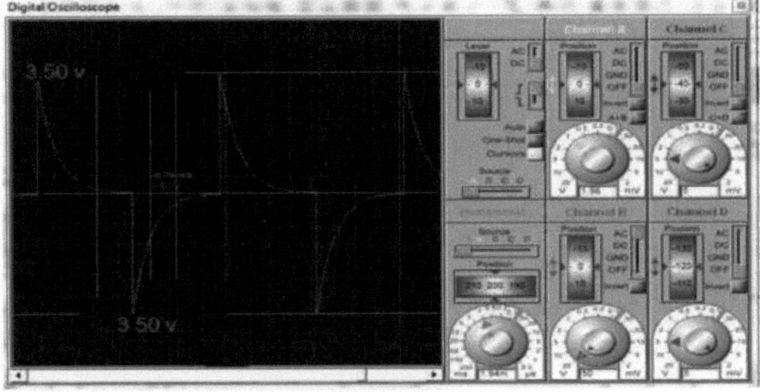

Figura 4.3 A forma de onda de saída antes da filtragem.

Para obter uma onda sinusoidal pura foi ligado um condensador em paralelo entre os terminais do transformador com 2000 micro farads e ligada uma resistência variável com valor de 200 ohms na primeira parte do transformador, o que ajudou a obter uma onda sinusoidal pura com 220 VAC.

A onda sinusoidal a vermelho foi produzida após a fase de transístores e filtragem antes de ligar o transformador elétrico, o valor desta onda foi de 140 mV, também a onda sinusoidal a azul foi produzida após o processo de amplificação depois de ser ligada ao transformador elétrico, o nível desta onda foi de 310 volts o que significa equivalente a 220 volts AC pela seguinte equação.

$$Vp = 220 \times 1{,}41 = 310 \qquad (4.1)$$

A frequência necessária era de 50 hertz, que pode ser obtida através da resistência R3, sendo o período de tempo da onda de 20 ms, de acordo com a seguinte equação.

$$F = \frac{1}{t} \quad \text{......} \quad (4.2)$$

$$F = \frac{1}{20ms} = 50 \text{ Hertz}$$

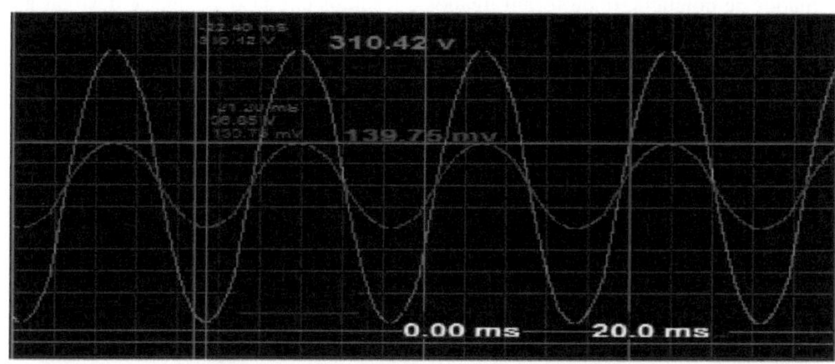

Figura 4.4 Forma de onda senoidal pura.

4.2 Construção de ferragens

Depois de terminado o modelo no software Proteus, as peças electrónicas foram instaladas na placa-mãe com base no desenho do software, onde foram necessárias algumas alterações e ajustes nos valores e peças electrónicas para fazer funcionar o inversor para obter 220 volts

CA, tais como resistências e condensadores, a tabela 3.4 e a tabela 3.5 mostram os valores e componentes electrónicos que foram utilizados na simulação do software e na construção do hardware. Os dados mostrados no quadro principal, em frente a cada peça, indicam o tipo de peça, como indicado na tabela 3.5

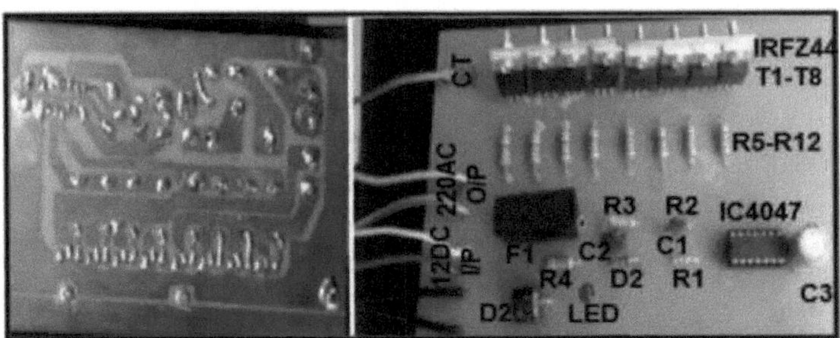

Figura 4.5 Peças electrónicas instaladas na placa-mãe

Depois de terminada a soldadura dos componentes na placa-mãe, iniciou-se a montagem do dispositivo inversor, os componentes necessários para produzir a corrente de saída AC e DC foram, a célula solar, o controlador do carregador, a bateria, o circuito eletrónico, e o transformador de potência, onde foram ligados e testados em caso de ligar e desligar a célula solar e a bateria, o resultado foi apresentado na tabela 4.1, a figura 4.6 mostra a forma final do dispositivo inversor concebido.

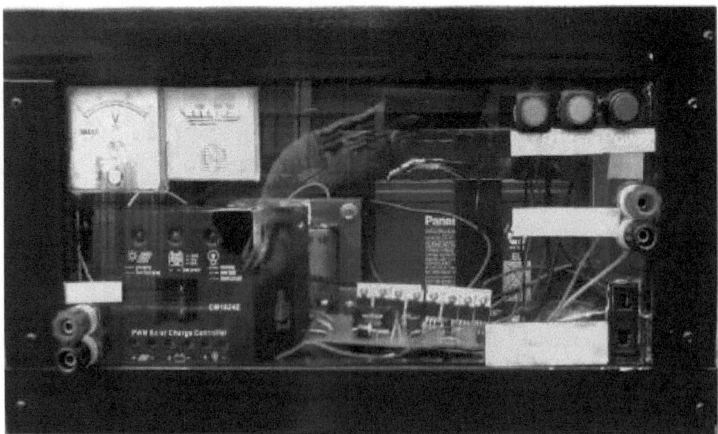

Figura 4.6 Configuração final do dispositivo do inversor

4.2.1 Resultado da ligação e desligamento entre o PV e a bateria

Na simulação, quando o FV foi ligado ou desligado, o inversor pode funcionar normalmente, também se a bateria foi ligada ou desligada, o inversor também pode funcionar normalmente, mas se forem desligados ao mesmo tempo, o inversor nunca pode funcionar. Enquanto no hardware, se o PV foi ligado ou desligado, o inversor pode funcionar normalmente, mas se a bateria foi desligada, o inversor nunca pode funcionar. Isto significa que a função do fotovoltaico e do controlador do carregador nesta experiência é apenas carregar as baterias.

Tabela 4.1 Resultados da ligação entre o PV e a bateria sem cargas.

Simulação				Hardware			
PV	Bateria	DC V	AC V	PV	Bateria	DC V	AC V
Ligar	Ligar	12	220	Ligar	Ligar	12	220
Desligar	Ligar	12	220	Desligar	Ligar	12	220
Ligar	Desligar	12	220	Ligar	Desligar	0	0
Desligar	Desligar	0	0	Desligar	Desligar	0	0

De notar também que, o painel solar utilizado com as mesmas especificações mencionadas anteriormente no capítulo III foi medido em ambos os casos (circuito aberto e circuito fechado). As medições foram efectuadas para quatro cargas, 50, 60, 100 e 150, enquanto o tempo estava ensolarado, estável e o céu estava limpo. Observou-se que, quando o PV estava desligado do circuito (circuito de circuito aberto), a saída do PV era estável a 15,8 volts, mas, depois de ligado a diferentes cargas, o resultado era diferente com base na potência das cargas, sempre que a potência da carga aumentava, a intensidade da corrente também aumentava, sendo que a relação entre a tensão e a corrente era inversa, enquanto a relação entre a potência da carga e a intensidade da corrente era proporcional. Por outras palavras, se a potência da carga aumentar, a corrente de passagem também aumentará, e vice-versa, enquanto o valor em volts da bateria se manteve constante em 12 volts porque o PV compensa a falta de queda de tensão da bateria pelo controlador do carregador. Os resultados foram clarificados na tabela seguinte.

Tabela 4.2 Resultado de PV em circuito aberto e fechado com diferentes cargas

PV (circuito aberto)	PV (circuito fechado)	Volt da bateria	Potência de carga
15.8 V	11.9 V	12 V	150W
15.8 V	12.5 V	12 V	100 W
15.8 V	12.8 V	12 V	60 W
15.8 V	12.9 V	12 V	50 W

4.2.2 Comparação dos resultados do software com diferentes cargas

O inversor foi projetado para uma carga de 60 watts, em que a amperagem da bateria e do transformador era de 5 Amperes e o volt de entrada era de 12 volts, como explicado anteriormente. As cargas de medição na simulação foram para seis cargas com os seguintes valores 50, 60,70,80,90,100 watt, as cargas foram medidas e testadas quanto à tensão, corrente, consumo de energia e eficiência para cada carga.

Os cálculos seguintes mostram a tensão, a corrente, a potência e a eficiência para cada carga. Tendo em conta que Id = corrente ideal da carga, I' = corrente atual da carga, Vd = tensão ideal da carga = 220V, V' = Volt real da carga, P_L = potência real da carga, P' = potência de consumo da carga, Eff = eficiência.

1. Com carga de 50 Watt

Quando a carga era de 50 watts, a tensão real era de 201 V.

$$I_d = \frac{P_L}{Vd} = \frac{50}{220} = 0.227$$

$$I' = \frac{V'}{Vd} \times I_d = \frac{201}{220} \times 0.227 = 0.207 \text{ A}$$

$$P' = V' \times I' = 201 \times 0.207 = 41.68 \text{ W}$$

$$\text{Eff} = \frac{P'}{P_L} = \frac{41.68}{50} \times 100\% = 83.3\%$$

2. Em carga 60 Watt

Quando a carga era de 60 watts, a tensão real era de 198 V.

$$I_d = \frac{P_L}{Vd} = \frac{60}{220} = 0.272$$

$$I' = \frac{V'}{Vd} \times I_d = \frac{198}{220} \times 0.272 = 0.244 \text{ A}$$

$$P' = V' \times I' = 198 \times 0.244 = 48.47 \text{ W}$$

$$\text{Eff} = \frac{P'}{P_L} = \frac{48.47}{60} \times 100\% = 80.7\%$$

3. Em carga 70 Watt

Quando a carga era de 70 watts, o volt real era de 192 V.

$$I_d = \frac{P_L}{Vd} = \frac{70}{220} = 0.318$$

$$I' = \frac{V'}{Vd} \times I_d = \frac{192}{220} \times 0.318 = 0.277 \text{ A}$$

$$P' = V' \times I' = 192 \times 0.277 = 53.28 \text{ W}$$

$$\text{Eff} = \frac{P'}{P_L} = \frac{53.28}{70} \times 100\% = 76.12\%$$

4. Em carga 80 Watt

Quando a carga era de 80 watts, o volt real era de 188 V.

$$I_d = \frac{P_L}{Vd} = \frac{80}{220} = 0.363$$

$$I' = \frac{V'}{Vd} \times I_d = \frac{188}{220} \times 0.363 = 0.31 \text{ A}$$

$$P' = V' \times I' = 188 \times 0.31 = 58.3 \text{ W}$$

$$Eff = \frac{P'}{P_L} = \frac{58.3}{80} \times 100\% = 72.8 \%$$

5. Em carga 90 Watt

Quando a carga era de 90 watts, o volt real era de 180 V.

$$I_d = \frac{P_L}{Vd} = \frac{90}{220} = 0.409$$

$$I' = \frac{V'}{Vd} \times I_d = \frac{180}{220} \times 0.409 = 0.334 \text{ A}$$

$$P' = V' \times I' = 180 \times 0.334 = 60.23 \text{ W}$$

$$Eff = \frac{P'}{P_L} = \frac{60.23}{90} \times 100\% = 66.9\%$$

6. Com carga de 100 Watt

Quando a carga era de 90 watts, a tensão real era de 167 V.

$$I_d = \frac{P_L}{Vd} = \frac{100}{220} = 0.454$$

$$I' = \frac{V'}{Vd} \times I_d = \frac{167}{220} \times 0.454 = 0.344 \text{ A}$$

$$P' = V' \times I' = 167 \times 0.344 = 57.44 \text{ W}$$

$$Eff = \frac{P'}{P_L} = \frac{57.44}{100} \times 100\% = 57.44\%$$

4.2.3 Comparação dos resultados de hardware com diferentes cargas

Além disso, a medição das cargas na experiência foi semelhante à medição das cargas na simulação, em que seis cargas com os mesmos valores de 50, 60, 70, 80, 90 e 100 watts foram medidas e testadas quanto à tensão, corrente, consumo de energia e eficiência para cada carga.

1. Com carga de 50 Watt

Quando a carga era de 50 watts, a tensão real era de 190 V.

$$I_d = \frac{P_L}{Vd} = \frac{50}{220} = 0.227$$

$$I' = \frac{V'}{Vd} \times I_d = \frac{190}{220} \times 0.227 = 0.196 \text{ A}$$

$$P' = V' \times I' = 190 \times 0.196 = 37.24 \text{ W}$$

$$\text{Eff} = \frac{P'}{P_L} = \frac{37.24}{50} \times 100\% = 74.5\%$$

2. Em carga 60 Watt

Quando a carga era de 60 watts, a tensão real era de 185 V.

$$I_d = \frac{P_L}{Vd} = \frac{60}{220} = 0.272$$

$$I' = \frac{V'}{Vd} \times I_d = \frac{185}{220} \times 0.272 = 0.228 \text{ A}$$

$$P' = V' \times I' = 185 \times 0.228 = 42.18 \text{ W}$$

$$\text{Eff} = \frac{P'}{P_L} = \frac{42.18}{60} \times 100\% = 70.30\%$$

3. Em carga 70 Watt

Quando a carga era de 70 watts, a tensão real era de 177 V.

$$I_d = \frac{P_L}{Vd} = \frac{70}{220} = 0.318$$

$$I' = \frac{V'}{Vd} \times I_d = \frac{177}{220} \times 0.318 = 0.255 \text{ A}$$

$$P' = V' \times I^{-} = 177 \times 0.255 = 45.28 \text{ W}$$

$$\text{Eff} = \frac{P'}{P_L} = \frac{45.28}{70} \times 100\% = 64.68\%$$

4. Em carga 80 Watt

Quando a carga era de 80 watts, a tensão real era de 167 V.

$$I_d = \frac{P_L}{Vd} = \frac{80}{220} = 0.363$$

$$I' = \frac{V'}{Vd} \times I_d = \frac{167}{220} \times 0.363 = 0.273 \text{ A}$$

$$P' = V' \times I' = 167 \times 0.273 = 45.63 \text{ W}$$

$$\text{Eff} = \frac{P'}{P_L} = \frac{45.64}{80} \times 100\% = 57.04\%$$

5. Em carga 90 Watt

Quando a carga era de 90 watts, a tensão real era de 158 V.

$$I_d = \frac{P_L}{Vd} = \frac{90}{220} = 0.409$$

$$I' = \frac{V'}{Vd} \times I_d = \frac{158}{220} \times 0.409 = 0.293\text{A}$$

$$P' = V' \times I' = 158 \times 0.293 = 46.41 \text{ W}$$

$$\text{Eff} = \frac{P'}{P_L} = \frac{46.41}{90} \times 100\% = 51.56\%$$

6. Com carga de 100 Watt

Quando a carga era de 90 watts, a tensão real era de 154 V.

$$I_d = \frac{P_L}{Vd} = \frac{100}{220} = 0.454$$

$$I' = \frac{V'}{Vd} \times I_d = \frac{154}{220} \times 0.454 = 0.317 \text{ A}$$

$$P' = V' \times I' = 154 \times 0.317 = 48.94 \text{ W}$$

$$\text{Eff} = \frac{P'}{P_L} = \frac{48.94}{100} \times 100\% = 48.94\%$$

4.2.4 Resultados da comparação entre software e hardware

Depois de obter os resultados da simulação e da experiência de cada carga através do volt real, da corrente real e do consumo real de energia, a eficiência do inversor no caso do software e do hardware foi comparada entre eles, como mostra a tabela 4.3, que mostra a eficiência de cada carga, enquanto o inversor foi concebido para 60 watts, em que a potência da bateria e do transformador utilizado foi de 60 watts, observou-se que a eficiência real deste dispositivo inversor foi de 70,3%

Tabela 4.3 Resultados de eficiência entre software e hardware.

4.2.5 Curvas de eficiência de software e hardware

A Figura 4.7 mostra as curvas de eficiência entre o software e o hardware, onde a curva vermelha corresponde à eficiência do hardware e a curva verde à eficiência do software. A diferença óbvia é que a eficiência do inversor no software é maior do que a eficiência no hardware se se considerar que o dispositivo inversor foi concebido para 60 watts, visto que a eficiência real do hardware foi de 70,3, mas a eficiência do software foi de 80,7, enquanto a diferença entre elas foi de 10,4%, mas em ambos os casos a eficiência estava em duas linhas paralelas, se aumentar no software aumentará no hardware e vice-versa.

Simulação					Experiência				
Potência real da carga	Volt real	Corrente real	Potência de consumo	Eficiência	Potência real da carga	Volt real	Corrente real	Potência de consumo	Eficiência
50	201	0.211	43.36	83.3%	50	190	0.196	37.24	74%
60	198	0.244	48.47	80.7%	60	185	0.228	42.30	70.3%
70	192	0.277	53.28	76.12%	70	177	0.255	45.28	64.6%
80	188	0.300	54.65	72.8%	80	167	0.280	45.63	58.7%
90	180	0.312	52.470	66.9%	90	158	0.292	46.18	51.3%
100	167	0.282	38.73	57.44%	100	154	0.317	48.94	48.9%

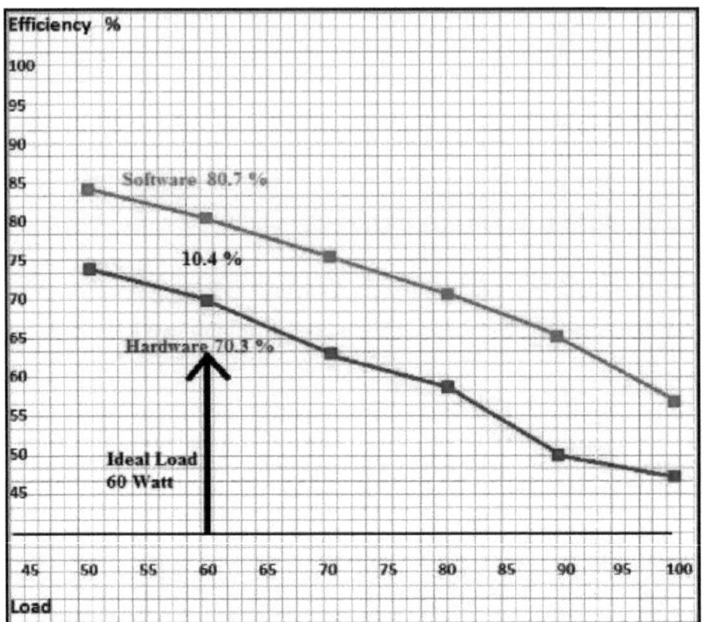

Figura 4.7 Curvas de eficiência entre software e hardware

A eficiência do software foi superior à eficiência do circuito real devido a algumas razões, nomeadamente

1. As peças e componentes electrónicos utilizados na simulação, como o software Proteus, foram instalados de acordo com especificações ideais, como o valor, a capacidade, a corrente máxima, o volt máximo, a potência máxima e a perda de potência, etc. E não há efeito da temperatura no software Proteus, pelo que todos os resultados recebidos foram resultados ideais baseados no circuito de modelação.

2. Os componentes e peças electrónicas têm sempre uma percentagem de erro da sua indústria em relação ao seu valor real, como é o caso das resistências, condensadores, bobinas, e as peças que são fabricadas a partir de semicondutores como os díodos, transístores e circuitos integrados, etc. As peças electrónicas reais são afectadas pela temperatura, sendo que cada peça tem a sua temperatura específica e não pode ser utilizada a uma temperatura superior. Além disso, no circuito real, há perda de energia que se perde no estado de ligação, conversão

de energia por transformadores eléctricos em termos de aumento ou diminuição da tensão e da corrente, e impedância dos fios, etc.

CAPÍTULO V

ENCERRAMENTO

5.1 Conclusão

Com base na simulação realizada com o software Proteus e nas experiências realizadas com o hardware real, é possível retirar algumas conclusões

1. O modelo de um inversor com saída de corrente contínua e alternada no mesmo dispositivo utilizando o software Proteus foi desenvolvido com sucesso, e o resultado foi encorajado a projetar o dispositivo inversor real.
2. O dispositivo inversor real foi projetado e construído com sucesso com base no inversor modelado no software.
3. A comparação do desempenho e da eficiência do inversor modelado por software e do inversor projetado por hardware provou que a eficiência do software era superior à eficiência do hardware num rácio de 10,4 %, sendo a eficiência do software de 80,7 % e a eficiência do hardware de 70,3 %, e que o desempenho da bateria no software era diferente do do hardware.

5.2 Sugestões

Depois de terminar a simulação do circuito pelo software Proteus e o circuito real pelo hardware, há algumas sugestões, como as que se seguem:

1. Propõe-se que a potência deste dispositivo possa ser desenvolvida para atingir um valor elevado de potência, tal como 1000 ou 1500 watts, onde necessita de mais adições e testes.
2. Além disso, propõe-se aumentar o valor de ambas as saídas, CC e CA, por exemplo, aumentando a saída CC para 12, 18, 24, 32 volts e aumentando a saída CA para 110, 220, 380 volts, o que requer mais investigação e trabalho árduo em software e hardware.
3. No futuro, alguns investigadores poderão tentar aumentar o nível de eficiência para mais de 70,3%, o que requer peças electrónicas com maior eficiência nas suas especificações e precisão no fabrico. E também depende da fonte de energia de entrada que irá suportar este dispositivo.

REFERÊNCIAS

1- Akinboro F.G., Adejumobi, I.A., and Erusiafeu, N. E., 2012, Design Model Considerations forGrid Connected DC-Ac Inverters, Transnational Journal of Science and Technology, Vol.2pp. 54-65.

2- Inayati, M. Nizam, Omar. M. M. Mayouf. "Cálculo da potência necessária e do custo do material da casa alimentada por energia solar fora da rede na área remota/desértica no sul da Líbia", Australian Journal of Basic and Applied Sciences, vol. 8(4), pp. 628-633, 2014.

3- Babu, R, S, R., e Henry, J., 2011, A Full-Bridge DC-DC Converter with ZeroVoltage Switching: Experimental Studies, International Journal of Computer and Electrical Engineering, Vol. 3 pp. 211-218.

4- L. Krichen, O. M. Mayouf, M. Rekik. "Conceber um sistema híbrido utilizando células solares e baterias para alimentar uma clínica na aldeia desértica de Tajarhi na fronteira Líbia-Níger fora da rede", IEEE 21ª Conferência Internacional sobre Ciências e Técnicas de Controlo Automático e Engenharia Informática (STA), 2022.

5- Bendre, A., Venka, G., e Divan, D., 2003, Dynamic Analysis of Loss-Limited Switching Full-Bridge DC-DC Converter with Multimodal Control, IEEE Transactions on Industry Applications, Vol. 39 pp. 854-863.

6- H. Abunouara, J. M. Ahmed, Omar. M. M. Mayouf. "Uma fonte de energia solar utilizada como alternativa adequada à energia eléctrica doméstica necessária na cidade de Tripoli" Conferência Internacional da Líbia para as Ciências Aplicadas e de Engenharia (LICASE), 27 28 de setembro de 2022.

7- Berg, H., -P., e Fritze, N., 2011, Reliability of Main Transformers, International Journal RT&A, Vol.2 pp. 52-69.

8- Ekpenyong, E, E., Bam, M, E., e Anyasi, F, I., 2012, Design Analysis of a 1.5kva Hybrid Power Supply for Power Reliability, IOSR Journal of Electrical and Electronics Engineering (IOSR-JEEE), Vol. 3pp. 8-19.

9- Omar. M. M. Mayouf, M. Rekik, L. Krichen. "Melhorando a proteção do sistema elétrico híbrido com IoT: A Design and Implementation of an Arduino-based Environmental Monitoring Switching System with nRF24L01 antenna" 11ª Conferência Internacional sobre Sistemas e Controlo (ICSC) IEEE, 1820, 2023 de dezembro, Sousse, Tunísia.

10- Galvan, J, C, O., Perez, R, E., Georgilakis, P, S., and Fofana, I., 2013, Evaluation of Distribution Transformer Banks in Electric Power Systems International Transactions on Electrical Energy Systems, Vol. 23 pp. 364-379.

11- Omar. M. M. Mayouf, Walid. A. A. Milad, Walid. T. Shanab. "Estudo analítico do abastecimento de casas rurais com um sistema híbrido triplo fora da rede na Líbia" International Science and Technology Journal, Volume 25, abril, 2021.

12-Hajibeigy, M., Nowdeh, S, A., e Nazarpour, D., 2011, A Full-Bridge ZeroVoltage-Switched DC-DC Converter Using a New Passive Auxiliary Circuit, Australian Journal of Basic and Applied Sciences, Vol. 5 (12) pp. 286-293.

13-Atiyah A. Altayf, Omar. M. M. Mayouf, Walid T. Shanab. "Optimal Sizing of Renewable Autonomous Hybrid system based on Costs using Grey Wolf Optimization" International Science and Technology Journal, Volume 33 Issue. Parte 2. janeiro de 2024.

14-Keoh, L, B., Mustafa, M, W., e Abdul Karim, S, B., 2012, Distribution Transformer Random Transient Suppression using Diode Bridge T-type LC Reator, International Journal of Electronics and Electrical Engineering, Vol. 2 pp. 1-8.

15-M. Rekik, L. Krichen, Omar. M. M. Mayouf. "Projeto e implementação de um inversor solar inteligente de saída dupla para aplicações de emergência e fora da rede: Um estudo comparativo" 2023IEEE 11ª Conferência Internacional sobre Sistemas e Controlo (ICSC). 18-20 de dezembro de 2023, Sousse, Tunísia.

16-Lakshmi, N, V., Anand, B., and Balakrishnan, P, A., 2013, Analysis and Design of Ferrite Core Transformer for High Voltage, High Frequency which is used in Ozonators, International Journal of Engineering and Applied Sciences, Vol. 2 pp. 34-43.

17- Omar. M. M. Mayouf. Walid Al-Taher Shanab, Mohamed A. Alganga "Conceção de um sistema híbrido utilizando células solares e baterias para abastecer o hospital de diálise na cidade de Qarabulli - Líbia" 2024 2nd International Conference on Electrical Engineering and Automatic Control (ICEEAC).

18-Mahmoud, M., and Gaballah, 2012, Design and Implementation of Space Vetor PWM Inverter Based on a Low Cost Microcontroller, Arabian Journal for Science and Engineering, Vol. 38 pp. 3059-3070.

19-Panchal, D., Tambe, M., and Panchal, H., 2012, Efficient Electromechanical Inverter DC-AC, International Journal of Emerging Technology and Advanced Engineering, Vol. 2 pp. 365-371.

20- Omar. M. M. Mayouf, Walid. A. A. Milad, Walid. T. Shanab. "Estudo analítico do abastecimento de casas rurais com um sistema híbrido triplo fora da rede na Líbia" International Science and Technology Journal, Volume 25, abril, 2021.

21- Paul C, -P., Chao., Chen, W, D., e Chang, C, K., 2012, Maximum power tracking of a generic photovoltaic system via a fuzzy controller and a two-stage DC-DC converter, Microsyst Technologies, Vol. 18 pp 1267-1281.

22- Omar. M. M. Mayouf, "Um estudo analítico para fornecer energia eléctrica consumida e aumentar a sua eficiência em instituições públicas. (Melhoria do sistema de iluminação em termos de custos e técnicos)" Revista Internacional de Ciência e Tecnologia, V, 14. julho de 2018.

23- Popescu, C., Grigoriu, M., Popescu, M, C., Popescu, L, G., e Grofu, C, L., 2005, Power Transformers Reliability Estimation Study, Actas da Conferência Internacional sobre Tecnologias e Equipamentos para a Energia e o Ambiente, ISSN: 1790-5095 pp. 148-154 isbn: 978-960-44-181-6 148-154 ISBN: 978-960-474-181-6.

24-Prasad, A, M.,and Sivanagaraju, S., 2013, Comparison and Simulation of Full Bridge and LCL-T Buck DC-DC Converter Systems, International Journal of Engineering and Science

(IJES), Vol. 2 pp 25-29.

25- M. Rekik, L. Krichen, Omar. M. M. Mayouf. "Conceção e implementação de uma estratégia de supervisão de energia para uma casa inteligente na Líbia: A Realistic Hybrid System Utilizing Solar Cells and Lithium Batteries", International Journal of Renewable Energy Research, Vol.14, No.1, March, 2024.

26- Sekhar, C, D., e Jagan, D., 2012, Conversor DC-DC com pinça de tensão com corrente de recuperação reversa reduzida e análise de estabilidade, International Journal of Modern Engineering Research (IJMER), Vol.2 pp. 4273-4279.

27- Texas Instruments Incorporated, 2005, Data Sheet of IC CD4047 Post Office Box 655303 Dallas, Texas 75265 pp. 3/130- 3/136.

28-Villalva, M, G.,e Filho, E, R., 2008, Análise Dinâmica do Conversor Buck de Entrada Controlada Alimentado por um Arranjo Fotovoltaico, Revista Controlo & Automação, Vol.19 pp. 463-474.

29-Vishay Siliconix, 2011, Data Sheet of Transistor IRFZ44, SiHFZ44 Power Mosfet, Número do Documento: 91291 S11-0517-Rev. B, 21-Mar-11 pp. 1-7.

30-Zope, P, H., Bhangale, P, G., Sonare, P., and Suralkar, S,R., 2012, Design and Implementation of carrier based Sinusoidal PWM Inverter, International Journal of Advanced Research in Electrical, Electronics and Instrumentation Engineering, Vol. 1 pp 230-236.

31- Abdulwahid A. khalleefah, Omar. M. M. Mayouf, Walid. Abdulfatah. M. Twair, "Utilizando a lógica difusa e as redes neurais artificiais para prever as cargas a curto prazo da rede eléctrica da Líbia Ocidental" Conferência Internacional da Líbia para a Ciência e a Engenharia Aplicadas, abril de 2021.

Printed by Books on Demand GmbH, Norderstedt / Germany